国家出版基金项目
NATIONAL PUBLICATION FOUNDATION

法国国家附件

Eurocode 2：混凝土结构设计

第1-1部分：一般规定和房屋建筑规定

NF EN 1992-1-1/NA

［法］法国标准化协会（AFNOR）

欧洲结构设计标准译审委员会　**组织翻译**

吴沛芸　　　　**译**

李　磊　　　　**一审**

刘　宁　谢　乐　**二审**

董延峰　　　　**三审**

人民交通出版社股份有限公司

北　京

版 权 声 明

图书在版编目（CIP）数据

法国国家附件 Eurocode 2：混凝土结构设计. 第 1-1
部分：一般规定和房屋建筑规定 NF EN 1992-1-1/NA /
法国标准化协会（AFNOR）组织编写；吴沛芸译. — 北
京：人民交通出版社股份有限公司，2019.11
　　ISBN 978-7-114-16158-2

　　Ⅰ. ①法…　Ⅱ. ①法…②吴…　Ⅲ. ①混凝土结构—
结构设计—建筑规范—法国　Ⅳ. ①TU370.4

中国版本图书馆 CIP 数据核字（2019）第 295800 号

著作权合同登记号：图字 01-2019-7806

Faguo Guojia Fujian Eurocode 2：Hunningtu Jiegou Sheji Di 1-1 Bufen：Yiban Guiding he Fangwu
Jianzhu Guiding

书　　名：**法国国家附件　Eurocode 2：混凝土结构设计　第 1-1 部分：一般规定和房屋建筑规定**
　　　　　NF EN 1992-1-1 /NA
著　作　者：法国标准化协会（AFNOR）
译　　者：吴沛芸
责任编辑：钱　堃　王景景
责任校对：刘　芹
责任印制：刘高彤
出版发行：人民交通出版社股份有限公司
地　　址：（100011）北京市朝阳区安定门外外馆斜街 3 号
网　　址：http://www.ccpress.com.cn
销售电话：（010）59757973
总　经　销：人民交通出版社股份有限公司发行部
经　　销：各地新华书店
印　　刷：北京虎彩文化传播有限公司
开　　本：880×1230　1/16
印　　张：3.5
字　　数：65 千
版　　次：2019 年 11 月　第 1 版
印　　次：2024 年 10 月　第 2 次印刷
书　　号：ISBN 978-7-114-16158-2
定　　价：70.00 元
（有印刷、装订质量问题的图书，由本公司负责调换）

出 版 说 明

包括本标准在内的欧洲结构设计标准(Eurocodes)及其英国附件、法国附件和配套设计指南的中文版,是 2018 年国家出版基金项目"欧洲结构设计标准翻译与比较研究出版工程(一期)"的成果。

在对欧洲结构设计标准及其相关文本组织翻译出版过程中,考虑到标准的特殊性、用户基础和应用程度,我们在力求翻译准确性的基础上,还遵循了一致性和有限性原则。在此,特就有关事项作如下说明:

1. 本标准中文版根据法国标准化协会(AFNOR)提供的法文版进行翻译,仅供参考之用,如有异议,请以原版为准。

2. 中文版的排版规则原则上遵照外文原版。

3. Eurocode(s)是个组合再造词。本标准及相关标准范围内,Eurocodes 特指一系列共 10 部欧洲标准(EN 1990 ~ EN 1999),旨在为房屋建筑和构筑物及建筑产品的设计提供通用方法;Eurocode 与某一数字连用时,特指EN 1990 ~ EN 1999 中的某一部,例如,Eurocode 8 指 EN 1998 结构抗震设计。经专家组研究,确定 Eurocode(s)宜翻译为"欧洲结构设计标准",但为了表意明确并兼顾专业技术人员用语习惯,在正文翻译中保留 Eurocode(s)不译。

4. 书中所有的插图、表格、公式的编排以及与正文的对应关系等与外文原版保持一致。

5. 书中所有的条款序号、括号、函数符号、单位等用法,如无明显错误,与外文原版保持一致。

6. 在不影响阅读的情况下书中涉及的插图均使用外文原版插图,仅对图中文字进行必要的翻译和处理;对部分影响使用的外文原版插图进行重绘。

7. 书中涉及的人名、地名、组织机构名称以及参考文献等均保留外文原文。

特别致谢

本标准的译审由以下单位和人员完成。河南省交通规划设计研究院股份有限公司的吴沛芸承担了主译工作,河南省交通规划设计研究院股份有限公司的李磊、中交第一公路勘察设计研究院有限公司的刘宁和谢乐、中国路桥工程有限责任公司的董延峰承担了主审工作。他(她)们分别为本标准的翻译工作付出了大量精力。在此谨向上述单位和人员表示感谢!

欧洲结构设计标准译审委员会总体组

ISSN 0335-3931

NF EN 1992-1-1/NA

2016 年 3 月 24 日

分类索引号：P 18-711-1/NA

ICS：91.010.30；91.080.40

法国标准

法国国家附件
Eurocode 2：混凝土结构设计
第 1-1 部分：一般规定和房屋建筑规定
NF EN 1992-1-1 /NA

英文版名称：Eurocode 2：Design of concrete structures— Part 1-1：General rules and rules for buildings—National annex to NF EN 1992-1-1：2005 — General rules and rules for buildings

德文版名称：Eurocode2：Planung von Stahlbeton-und Spannbetontragwerken—Teil1-1：Allgemeine Bemessungsregeln und Regeln für den Hochbau—Nationaler Anhang zu NF EN 1992-1-1：2005—Allgemeine Bemessungsregeln und Regeln für den Hochbau

发布	法国标准化协会（AFNOR）主席决定,本国家附件替代 2007 年 3 月发布的 NF EN 1992-1-1/NA。
相关内容	本国家附件发布之日,不存在相同主题的欧洲或国际文件。
提要	本国家附件是最初于 2007 年 3 月发布的 NF EN 1992-1-1 的修订版。与第一版相同,本国家附件补充了 2005 年 10 月发布的 NF EN 1992-1-1,NF EN 1992-1-1 是 EN 1992-1-1：2004 在法国的适用版本。 本国家附件定义了 NF EN 1992-1-1：2005 在法国的适用条件,NF EN 1992-1-1 引用了 EN 1992-1-1 及其附录 A～J。
关键词	**国际技术术语**：建筑、混凝土结构、钢筋混凝土、预应力混凝土、设计、施工规定、设计规定、材料性能、机械性能、尺寸、截面、建造特性、施工条件、质量控制、耐久性、变形、极限。
修订	与替换文件相比,修订了国家附件。修订或增加的条款：2.3.4.2(2)；2.6(2) 注 2；3.2.5(2)P；4.1(4)；4.4.1.2(5)注；5.10.2.1(1)P 注；5.10.2.1(2)注；6.2.2(1)注；6.4.5(1)；7.3.1(5)注；8.4.1(4)；8.5；8.10.5；9.2.1.1(1)注 2；9.2.1.1(3)注；9.2.1.4(1)注；9.2.1.4(2)；9.2.1.5；9.3.1.1(3)注； 9.6.2(1)注 1 和注 2；9.6.3(1)注；9.8.2.1(1)注；9.8.5(3)注；9.10.2.2(2)注；9.10.2.3(3) 注；9.10.2.3(4)注；9.10.2.4(2)注；11.6.1(1)注；11.6.1(2)；12.1(1)P；12.1(2)；12.6.5.2(1)；C.1(1)；E.1(2) 注。
勘误	删除的条款：1.2.2；3.1.4(2)；4.4.1.3(4)；5.8.8(1)；9.5.3(6)；12.6.3(2)。

法国标准化协会（AFNOR）出版发行 — 地址：11, rue Francis de Pressensé —邮编：93571 La Plaine Saint-Denis

电话：+ 33 (0)1 41 62 80 00 — 传真：+ 33 (0)1 49 17 90 00 — 网址：www. afnor. org

2016-03-P 版

标　　准

标准是经济、科学、技术和社会相关各方的基础。

本质上而言，采用标准是自愿的。合同中有约定时，标准则对签订合同的各方均有约束力。法律可以规定强制实施全部或部分标准。

标准是在考虑了所有利益相关代表方的标准化机构内达成一致意见的文件。标准在被批准前，会被提交给公共咨询机构。

为了评估标准随时间变化的适用性，需要定期审查标准。

任何标准自标准首页所指明的日期起生效。

标准的理解

读者需注意以下几点：

使用词语"应"是用来表达某一项或多项规定应被满足。这些规定可以出现在标准的正文中，或在所谓的"标准的"附录中。在试验方法中，使用祈使语气的表述对应此项规定。

使用词语"宜"是用来表示一种可能性，这种可能性被优先考虑，但不是必须按本标准执行的。词语"可"是用于表述一种可行的，但不是强制性的忠告、建议或许可。

此外，本标准可能提供补充信息，旨在使某些内容更易于理解和使用，或阐明这些内容如何被应用，这些信息并不是以定义某项规定的形式给出。这些信息以附注或附录的方式提供。

标准化委员会

标准化委员会具备相关的专业知识，在指定的领域内工作，为提出相关的法国标准做准备工作，并可确立法国在欧洲和国际相关标准草案方面的突出地位。本委员会也可能在试验标准和技术报告方面做相关的准备工作。

如果读者想对本文件反馈任何意见，提供建议性变动或欲参与本标准的修订，请发邮件至"norminfo@ afnor. org"。

如果编制委员会的专家所属机构不是其常属机构，则以下表中的信息为准。

混凝土结构设计分委员会　BNTRA CN EC2

标准化委员会

主席：CORTADE　　　先生

秘书：GENEREUX　　　先生—CEREMA

委员：(按姓氏、先生/女士、单位列出)

ABOURI	先生	EDF SEPTEN
ALEXANDRE	先生	BUREAU VERITAS
ASHTARI	先生	CONSULTANT
BEGUIN	先生	CTICM
BERLOT	先生	CEREMA—BNTRA
BERNARDI	先生	LAFARGE
BOUCHON	先生	MEDDE—DGITM
BOUTAHIR	先生	BNTEC
BUCHIN-ROULIE	女士	FREYSSINET INTERNATIONAL
BURY	先生	UBC INGENIERIE
CAILLEAU	先生	AFNOR
CALGARO	先生	CONSULTANT
CAUSSE	先生	VINCI
CHENAF	先生	CSTB
COIN	先生	EGF. BTP
COLINA	先生	ATHIL
CORTADE	先生	CONSULTANT
COYERE	先生	EIFFAGE
CRETON	先生	BN ACIER
DAOUDI	先生	APAVE
DECHEFDEBIEN	先生	LB7 GROUPE LESAGE—FIB
DIAS	先生	DIRIF
DOMMANGET	先生	ITC
DOUROUX	先生	RATP
FALEYEUX	女士	CERIB
FOURE	先生	CONSULTANT
GALLITRE	先生	EDF SEPTEN
GERBINO	先生	GROUPE VIGIER
GHISOLI	先生	CEREMA—BNTRA

GRENIER	先生	CONSULTANT
GUIRAUD	先生	CIMBETON
HENRI	先生	BONNA SABLA
HENRIQUES	先生	CSTB
HORVATH	先生	CIMBETON
IMBERTY	先生	RAZEL-BEC
KNOSP	先生	BUREAU VERITAS
LACOMBE	先生	CEREMA
LACROIX	先生	CONSULTANT
LARQUETOUX	女士	BUREAU VERITAS
LENOIR	先生	SECOA
LOZACH	先生	INCET
MARCHAND	先生	IFSTTAR
MASSEROT	先生	EIFFAGE GENIE CIVIL
MELLIER	先生	FREYSSINET INTERNATIONAL
MONFRONT	先生	CERIB
MOREAU	女士	CETU
MORIN	女士	CERIB
MOUAZAN	女士	UNM
NGO BIBINBE	女士	FNTP
NGUYEN	先生	SADE
OSMANI	女士	EIFFAGE
PAILLE	先生	SOCOTEC
PILLARD	先生	EGF. BTP
PIMIENTA	先生	CSTB
PY	先生	KP1 R&D-FIB
RESPLENDINO	先生	SETEC TPI
RIGAULT	先生	ARCADIS
RIVART	先生	ETANDEX
ROBERT	女士	CERIB
ROLLAND	先生	QUALICONSULT
ROSSI	先生	IFSTTAR
ROURE	先生	EDF—SEPTEN
SCALLIET	先生	CERIB
SEANTIER	先生	FREYSSINET
SIMON	先生	EIFFAGE
TEDOLDI	先生	EDF—SEPTEN
TEPHANY	先生	MINISTERE DE L'INTERIEUR
THONIER	先生	EGF. BTP
TORRENTI	先生	IFSTTAR
TOUTLEMONDE	先生	IFSTTAR

TRINH	先生	CONSULTANT
TRUCHE	先生	FIMUREX(APA—ASSO PROF ARMATURIERS)
WAGNER	先生	BNIB
ZHAO	先生	CTICM
ZINK	先生	INGEROP

目　　次

前言

（1）本国家附件确定了 2005 年 10 月发布的 NF EN 1992-1-1 及其 2008 年 1 月和 2010 年 11 月的勘误 AC 以及 2015 年 2 月的修订案 A1（NF EN 1992-1-1/A1）在法国的适用条件。NF EN 1992-1-1 引用了欧洲标准化委员会于 2004 年 4 月 16 日批准,于 2004 年 12 月 15 日实施的 EN 1992-1-1:2004 及其附录 A~J。

（2）本国家附件由混凝土结构设计分委员会（BNTRA CN EC2）编制。

（3）本国家附件:

—为 EN 1992-1-1:2004 及其修订案 A1:2014 的下列条款提供国家定义参数（NDP）,并允许各国自行选择参数信息:

• 2.3.3（3）	• 5.8.3.3（1）	• 6.8.7（1）	• 9.8.3（1）
• 2.4.2.1（1）	• 5.8.3.3（2）	• 7.2（2）	• 9.8.3（2）
• 2.4.2.2（1）	• 5.8.5（1）	• 7.2（3）	• 9.8.4（1）
• 2.4.2.2（2）	• 5.8.6（3）	• 7.2（5）	• 9.8.5（3）
• 2.4.2.2（3）	• 5.10.1（6）	• 7.3.1（5）	• 9.10.2.2（2）
• 2.4.2.3（1）	• 5.10.2.1（1）P	• 7.3.2（4）	• 9.10.2.3（3）
• 2.4.2.4（1）	• 5.10.2.1（2）	• 7.3.4（3）	• 9.10.2.3（4）
• 2.4.2.4（2）	• 5.10.2.2（4）	• 7.4.2（2）	• 9.10.2.4（2）
• 2.4.2.5（2）	• 5.10.2.2（5）	• 8.2（2）	• 11.3.5（1）P
• 3.1.2（2）P	• 5.10.3（2）	• 8.3（2）	• 11.3.5（2）P
• 3.1.2（4）	• 5.10.8（2）	• 8.6（2）	• 11.3.7（1）
• 3.1.6（1）P	• 5.10.8（3）	• 8.8（1）	• 11.6.1（1）
• 3.1.6（2）P	• 5.10.9（1）P	• 9.2.1.1（1）	• 11.6.1（2）
• 3.2.2（3）P	• 6.2.2（1）	• 9.2.1.1（3）	• 11.6.2（1）
• 3.2.7（2）	• 6.2.2（6）	• 9.2.1.2（1）	• 12.3.1（1）
• 3.3.4（5）	• 6.2.3（2）	• 9.2.1.4（1）	• 12.6.3（2）
• 3.3.6（7）	• 6.2.3（3）	• 9.2.2（4）	• 11.6.4.1（1）
• 4.4.1.2（3）	• 6.2.4（4）	• 9.2.2（5）	• A.2.1（1）
• 4.4.1.2（5）	• 6.2.4（6）	• 9.2.2（6）	• A.2.1（2）
• 4.4.1.2（6）	• 6.4.3（6）	• 9.2.2（7）	• A.2.2（1）
• 4.4.1.2（7）	• 6.4.4（1）	• 9.2.2（8）	• A.2.2（2）
• 4.4.1.2（8）	• 6.4.5（1）	• 9.3.1.1（3）	• A.2.3（1）
• 4.4.1.2（13）	• 6.4.5（3）	• 9.5.2（1）	• C.1（1）
• 4.4.1.3（1）P	• 6.4.5（4）	• 9.5.2（2）	• C.1（3）
• 4.4.1.3（3）	• 6.5.2（2）	• 9.5.2（3）	• E.1（2）
• 4.4.1.3（4）	• 6.5.4（4）	• 9.5.3（3）	• J.1（2）
• 5.1.3（1）P	• 6.5.4（6）	• 9.6.2（1）	• J.2.2（2）
• 5.2（5）	• 6.8.4（1）	• 9.6.3（1）	• J.3（2）
• 5.5（4）	• 6.8.4（5）	• 9.7（1）	• J.3（3）
• 5.6.3（4）	• 6.8.6（1）	• 9.8.1（3）	
• 5.8.3.1（1）	• 6.8.6（3）	• 9.8.2.1（1）	

——规定适用于新建建(构)筑物的资料性附录 A、B 和 D~J 的使用条件。

——提供非矛盾性的补充信息,便于 NF EN 1992-1-1:2005 的应用。

(4)引用条款为 NF EN 1992-1-1:2005 中的条款。

(5)本国家附件应配合 NF EN 1992-1-1:2005,并结合 EN 1990~EN 1999 系列 Eurocodes(NF EN 1990~NF EN 1999),以用于新建建(构)筑物的设计,在全部 Eurocodes 国家附件出版之前,如有必要,应针对具体项目对国家定义参数进行定义。

注:与土体相互作用的混凝土构件(如深基础、墙体和挡土墙等)的结构设计属于 NF EN 1992-1-1 规定的内容,宜考虑这些结构的特殊施工方式,以便确定混凝土材料的承载能力及变形的代表值,并在设计中加以考虑。需考虑的附加条款在相应的标准中给出(例如,用于深基础的 NF P 94-262 和用于挡土墙的 NF P 94-282)。

(6)如果 NF EN 1992-1-1:2005 适用于公共或私人工程合同,国家附件亦适用,除非合同文件中另有说明。

(7)本国家附件需考虑的项目使用年限,可参照 NF EN 1990 及其国家附件所给出的定义。该使用年限不得在任何情况下与法律和条例所界定的关于责任和质保的期限相混淆。

(8)为明确起见,本国家附件给出了国家定义参数的范围。本国家附件的其余部分是对欧洲标准在法国的应用进行的非矛盾性补充。

国家附件
（规范性）

AN 1　欧洲标准条款在法国的应用

注:条款编号与 NF EN 1992-1-1:2005 的编号一致。

条款 1.1.1(1)P

标准中针对建筑的相关条款适用于常规房屋建筑。

注:根据 NF EN 1992-1-1 及其国家附件,建筑由其"使用面积"来定义。E 类房屋建筑(具有储存功能的建筑和工业用建筑)以及 A-D 类房屋建筑的非常规结构部分可能需要满足特定的设计要求,此类要求应在合同专用条款中予以明确。

条款 1.1.2(4)P

注:NF EN 1992-1-1 中不包含高架输电线路杆塔的混凝土基础设计需满足的特定要求。

条款 2.3.3(2)

对于房屋建筑以外的结构物,NF EN 1992 中有相应部分以及相应的国家附件对其进行了具体讨论,并明确给出了混凝土形变的计算方法。

条款 2.3.3(3)注

对于房屋建筑,若其上部结构(地面以上部分)被伸缩缝分割且每两道伸缩缝之间距离不超过以下距离时,设计中可忽略由温度变化引起的混凝土结构尺寸在平面上的线性变化。

—25m[邻近地中海的法国省份(温度变化大的干旱地区)];

—30～35m(东部地区、阿尔卑斯山和中央高原);

—40m(巴黎大区和北部地区);

—50m[西部地区(潮湿和温带地区)]。

适当的构造布置可以释放建筑各部分之间由温度变化而产生的线性形变。在这种情况下,通过针对性的验算,上述的伸缩缝之间的距离可以增大。

注:若在建筑中采用了适当的构造布置,那么经过论证后,可以忽略温度变化以及混凝土收缩对结构产生的影响。但是,如果结构对温度引起的形变和混凝土收缩效应非常敏感(例如石板铺面、筏板、连续墙包围中的停车场楼板等),那么应采取必要措施,遵守相应的设计及施工要求。根据建筑的具体情况,这些要求可能包括以下全部或部分内容。

—混凝土质量;

—结构设计(楼板类型、支撑方向、预制构件等);

—混凝土施工阶段(交错区域、凹凸板等);

—养护工艺;

—混凝土施工缝和/或混凝土湿接缝及其位置;

—防开裂接缝及其位置;

—钢筋构造布置(位置、高度、间距、配筋率、纵向构造钢筋等)。

条款 2.3.4.2(2)

NF P 94-262 定义了其他布置方法。

条款 2.4.2.1(1)注

γ_{SH} 采用推荐值。

条款 2.4.2.2(1)注

$\gamma_{P,fav}$ 采用推荐值。

条款 2.4.2.2(2)注

$\gamma_{P,unfav}$ 采用推荐值。

然而,当体外预应力束在相关弯曲长度上被足够数量的转向装置固定时,$\gamma_{P,unfav}$ 可取值为1.0。

条款 2.4.2.2(3) 注

$\gamma_{P,unfav}$ 采用推荐值。

该系数不适用于 8.10.2 中描述的局部效应。

条款 2.4.2.3(1) 注

$\gamma_{F,fat}$ 采用推荐值。

条款 2.4.2.4(1) 注

承载能力极限状态下材料的相关分项系数值采用表 2.1N 中的推荐值。

条款 2.4.2.4(2) 注

正常使用极限状态下材料的相关分项系数值采用推荐值。

条款 2.4.2.5(2) 注

系数 k_f 的取值取决于深基础的实施方法并且由 NF P 94-262 确定。

条款 2.6(2) 注 2

注: 当相邻支撑点之间的不均匀沉降不超过其二者水平间距的 1/500 时,在结构计算中可以不考虑支撑点之间的线性高度差对结构的影响。在房屋建筑的内部,当框架结构之内包含(或不包含)刚性和脆性的空间隔挡材料时,为了保证隔挡材料不受损坏和正常使用,上述相邻支撑点之间的高度差的限值应为 10mm(或 20mm)。当需要同时考虑温度引起的结构纵向线性形变效应和土体的不均匀沉降效应时,上述限值中的 1/500 变为 1/300,高度差绝对限值 10mm 和 20mm 的标准保持不变。

条款 3.1.2(2)P 注

除非某些类型的结构在具体标准中另有规定(例如,NF EN 1536 中的钻孔桩,NF P 94-262 中的深基础,NF P 94-282 中的挡土墙等),否则 C_{max} 采用推荐值。

条款 3.1.2(4)注

k_t 采用推荐值。

条款 3.1.3(2)注

NF EN 1992-1-1 表 3.1 中给出的混凝土弹性模量适用于集料比重为 2.5～2.7 的情况下(通常硅－钙集料符合这一条件)。

在经过材料试验论证的情况下,设计中使用的弹性模量值也可以与表 3.1 中给出的值不同,因为除了集料比重这一因素以外的其他因素、尤其是混凝土中的气泡和泥浆体积,都可能使其弹性模量产生百分之几十的差距。

对于深基础、挡土墙和其他深基础结构,可考虑相应标准中的不同取值。

条款 3.1.6(1)P注

α_{cc} 采用推荐值。

条款 3.1.6(2)P注

α_{ct} 采用推荐值。

条款 3.2.1(5)

注:术语"加劲桁架"相当于"预组装桁架梁"。

条款 3.2.2(2)P

表 3.4 适用于结构焊缝,而不适用于装配焊缝。

条款 3.2.2(3)P注

通常情况下,f_{yk} 的最大值取 500MPa,若在 ELS 条件下钢筋应力及混凝土裂缝宽度条件得以满足(见表 7.1NF),则 f_{yk} 可以取 600MPa。

条款 3.2.5(2)P

注:此段专门用于装配焊缝。

条款3.2.7(2)注1

ε_{ud} 采用推荐值。

注:ε_{uk} 在 NF EN 10080 中被标记为 A_{gt}。

条款3.3.4(5)注

k 采用推荐值。

条款3.3.6(7)注

ε_{ud} 和 $f_{p0,1k}/f_{pk}$ 采用推荐值。

注:在缺乏更准确信息的情况下且考虑到 A_{gt} 的值并不是标准值,故可以采用 $\varepsilon_{uk}=0.9A_{gt}$,其中 A_{gt} 是 NF EN 10138-1 中定义的最大作用力下的最小伸长率。

条款4.1(4)

NF EN 206/CN 的引用文件替代 EN 206-1 的引用文件。

条款4.2(2)

在计算保护层厚度时(标准 NF EN 206/CN 中未予以规定),若情况符合以下条件,则可以将表4.1中最后一列的示例内容视作标准要求直接使用。

表4.1注

注1:若混凝土含有钢筋或金属构件且环境未归类为"非常干燥"时,素混凝土应属于X0以外的其他环境暴露等级。

注2:不与雨水接触的建筑部分,无论其是否封闭,均归为等级XC1,但高频次、长时间遭受冷凝作用的建筑部分应被归为等级XC3。

以下建筑的部分结构符合上述情况:

—工业建筑的某些部分

—洗衣房的某些部分

—造纸厂的某些部分

—游泳馆的某些部分

—其他建筑

注 3：对于桥梁露天部分及无防雨设施的建筑外部,例如:表面、山墙和外部突出部分,及其他受水流缓流或涌出影响的建筑突出角部分,均应归为等级 XC4。

注 4：频繁接触到氯化物且混凝土表面之上没有防水保护层的结构部分应归为 XD3 等级。因此,在停车场中,在建筑整个使用年限当中直接接触含氯的盐类且没有防水保护层的地面(例如楼板和坡道的上表面)应归为 XD3 等级。

注 5：位于潮汐区和/或暴露于水浪下的结构构件归为等级 XS3,这些构件一般距离海岸不到 100m,但有时距离也达到 500m,这取决于具体地形。

根据特定地形,位于等级 XS3 区域外,但距离海岸不到 1km,有时距离也可达到 5km 的结构构件,当其暴露于含盐空气中,可以归类为等级 XS1。

注 6：除去根据混凝土渗透状态制订的特别规定外,暴露等级 XF1、XF2、XF3 和 XF4 均在冰冻区域图中指出(见 NF EN 206／CN)。

在暴露等级 XF 下,若混凝土满足相关要求(参见本国家附件的附录 E),则保护层厚度应参照暴露等级 XC 或 XD 确定,如 4.4.1.2(12)所示。

以下为仅用于计算保护层的参照等级:

		暴 露 等 级			
		XF1	XF2	XF3	XF4
盐渍等级 (参见 GEL2003 建议)	没有或偶尔	XC4	无	XC4(非加气混凝土); XD1(加气混凝土)	无
	频繁	无	对于严重暴露的构件,参照等级 XD1、XD3	无	对于严重暴露的构件,参照等级 XD2、XD3
	非常频繁	无	无	无	XD3

(＊)用于桥梁:挑檐、安全护栏锚固基座、伸缩缝泛水。

注 7：暴露等级 XA1、XA2 和 XA3 的资料性示例的理解和说明如下:

——与侵蚀性土壤或侵蚀性液体接触的结构构件;

——根据具体合同文件定义的,受到化学侵蚀的土木工程结构物[例如,某些 E 类建筑(参见本国家附件 1.1.1(1)P]。

注 8：纯水(如冷凝水)浸滤和侵蚀的风险应根据其严重程度在暴露等级 XA1,XA2 和 XA3 中选取。

条款4.4.1.2(3)注

$c_{min,b}$ 的采用值为:

—对于后张预应力管道:

　　—圆形管道:直径;

　　—矩形管道:较小尺寸或较大尺寸的一半,以较大值为准。

对于尺寸超过80mm 的圆形或矩形管道则不再做具体要求。

—对于先张预应力筋:钢绞线或高强钢丝直径的2.0倍,如果名义最大集料粒径更大,则采用该粒径值。

条款4.4.1.2(5)注

对于符合 NF EN206/CN 和本国家附件附录 E 的规定的混凝土,常规建(构)筑物使用的结构等级为S4。

表4.3NF 给出了可能的结构等级修正。

最低结构等级采用推荐值。

$c_{min,dur}$ 采用表4.4N(钢筋混凝土用钢)中的推荐值和表4.5NF(预应力筋)中给出的值。如果结构构件涉及多个暴露等级,则采用最严格的要求。

注:要注意保护层厚度 c_{nom} 大于 50mm 可能导致的开裂风险。在腐蚀性环境下,建议使用4.4.1.2(7)和(8)、4.4.1.3(3)和表4.3NF 的规定。

还要注意,保护层厚度 c_{nom} 低于名义最大集料粒径会导致混凝土浇注困难。

表4.3NF　结构等级修正表,根据修正后的结构等级在表4.4N 和

表4.5NF 中确定最小保护层厚度 $C_{min,dur}$

标准	根据表4.1 定义的暴露等级						
	X0	XC1	XC2/XC3	XC4	XD1/XS1/XA1[3)]	XD2/XS2/XA2[3)]	XD3/XS3/XA3[3)]
设计使用年限	100 年:等级升高2级	100 年:等级升高2级	100 年:等级升高2级	100 年:等级升高2级	100 年:等级升高2级	100 年:等级升高2级	100 年:等级升高2级
	25 年及以下:等级降低1级	25 年及以下:等级降低1级	25 年及以下:等级降低1级	25 年及以下:等级降低1级	25 年及以下:等级降低1级	25 年及以下:等级降低1级	25 年及以下:等级降低1级

表 4.3NF（续）

标准	根据表4.1的暴露等级						
	X0	XC1	XC2/XC3	XC4	XD1/XS1/XA1[3]	XD2/XS2/XA2[3]	XD3/XS3/XA3[3]
强度等级[1]	大于或等于 C30/37 且小于 C50/60：等级降低1级	大于或等于 C30/37 且小于 C50/60：等级降低1级	大于或等于 C30/37 且小于 C55/67：等级降低1级	大于或等于 C35/45 且小于 C60/75：等级降低1级	大于或等于 C40/50 且小于 C60/75：等级降低1级	大于或等于 C40/50 且小于 C60/75：等级降低1级	大于或等于 C45/55 且小于 C70/85：等级降低1级
	大于或等于 50/60：等级降低2级	大于或等于 50/60：等级降低2级	大于或等于 55/67：等级降低2级	大于或等于 60/75：等级降低2级	大于或等于 60/75：等级降低2级	大于或等于 60/75：等级降低2级	大于或等于 70/85：等级降低2级
拌合料特性		基于 CEM I 的大于或等于 C35/45 级的混凝土且不含飞灰：等级降低1级	基于 CEM I 的大于或等于 C35/45 级的混凝土且不含飞灰：等级降低1级	基于 CEM I 的大于或等于 C40/50 级的混凝土且不含飞灰：等级降低1级			
保护层密实[2]	等级降低1级	等级降低1级	等级降低1级	等级降低1级	等级降低1级	等级降低1级	等级降低1级

[1] 为了简化结构等级的修正，表中以混凝土强度等级作为结构耐久性的指标。在有可能的情况下，严谨和明智的方法是同时考虑对结构耐久性有更根本性影响的其他指标以及相关的阈值，并在此基础上论证所应采取的结构等级。为此可以参考法国土木工程协会AFGC 的指南《根据使用年限设计混凝土》，或者其他同类规范。

[2] 该准则仅适用于保护层密实性得到保证的构件，即：
　—平面构件的浇模面（类似于预制或现浇的楼板或肋板），在工业模板上水平浇注；这也适用于暴露等级为XC1 的厚度小于或等于250mm 楼板的非浇模面；
　—工业预制构件：压制或拉伸成型的构件，或在金属模板中浇筑的构件浇模面；
　—在桥面板下，或是肋板，且振动装置可触及模板底部的构件。

[3] 对于XAi 暴露等级，应在对侵蚀性物质进行论证的基础上根据表中方法修正结构等级。

表 4.5NF　在使用预应力筋的情况下，为满足耐久性要求应采取的最小保护层厚度 $C_{min,dur}$

结构等级	$c_{min,dur}$（mm）环境要求						
	根据表4.1定义的暴露等级						
	X0	XC1	XC2/XC3	XC4	XD1/XS1	XD2/XS2	XD3/XS3
S1	无	10	15	25	30	35	40
S2		15	25	30	35	40	45
S3		20	30	35	40	45	50
S4		25	35	40	45	50	55
S5		30	40	45	50	55	60
S6		35	45	50	55	60	65

条款 4.4.1.2(6)注

$\Delta c_{dur,\gamma}$ 采用推荐值。

条款 4.4.1.2(7)注

采用值为 $\Delta c_{dur,st} = 0mm$。但如果使用的钢材具有耐腐蚀性(如不锈钢或镀锌钢),对于设计使用年限和暴露条件,特定的合同文件可设定 $\Delta c_{dur,st}$ 的值。此外,材料、施工和维护参数的选择应做专门研究。同样地,这些钢材只有在其本征特性(尤其是可焊接性、粘附力、热膨胀性、不同类型钢材的兼容性)通过验证并以适当的方法进行分析后才能使用。

条款 4.4.1.2(8)注

采用值为 $\Delta C_{dur,add} = 0mm$,但在其设计使用年限中结构表面附有防侵蚀的涂层且涂层的防侵蚀能力得到验证的情况除外[在此情况下,认为涂层是结构的一部分,见 1.3(1)P]。最小保护层厚度不得小于 $C_{min,b}$ 和 10mm。

条款 4.4.1.2(13)注

k_1、k_2 和 k_3 采用推荐值。

条款 4.4.1.3(1)P 注

Δc_{dev} 采用推荐值。

条款 4.4.1.3(3)注

以下为 Δc_{dev} 的采用值:

—在质量保证体系下进行施工时,对于混凝土浇注前对钢筋保护层的测量监管可降低设计允许偏差,故 Δc_{dev} 取值:

$$10mm \geqslant \Delta c_{dev} \geqslant 5mm$$

—在监测中使用精确测量装置以便剔除不合格构件(如预制构件)可降低设计允许偏差,故 Δc_{dev} 取值:

$$10\text{mm} \geqslant \Delta c_{\text{dev}} \geqslant 0$$

—如果结构构件在质量保证体系下进行设计、施工及其配筋,且该体系涵盖从设计到施工的所有阶段,其同时包括适用所有暴露等级下的以下规定:

　　—在设计和制图阶段:编制细部配筋大样图(圈梁、格栅底板、女儿墙等的剖面图)用以确定保护层及其加工方案;

　　—在配筋阶段:验收成品钢筋并控制其尺寸;

　　—在模板安装阶段:编制钢筋垫木图(垫木类型、数量、固定等);在混凝土浇注前验收配筋并检测保护层;

　　—在混凝土施工阶段:必要时制作一组对照构件:

$$10\text{mm} \geqslant \Delta c_{\text{dev}} \geqslant 0$$

条款 4.4.1.3(4)注

对于扩大基础,采用值为 $k_1 = 30\text{mm}$ 和 $k_2 = 65\text{mm}$。对于深基础、挡土墙和其他深基础工程,宜参阅相应的标准。

条款 5.1.3(1)P 注

简化荷载布置的原则建立在以下基础上:设计中使用的荷载布置工况应当是在假定被支撑构件以静定方式架于承重构件上时,计算承重构件所应考虑的工况;在此假定条件下获得的承重构件中的作用力应根据假设中所忽略的超静定效应进行定量的增加或减少。示例分析(a)和(b)提供了估算增减量的一种方法。

条款 5.2(1)P

条款 6.1(4)中给出的值与稳定性设计无关。对于稳定性设计,最小偏心距不能小于20mm。

条款 5.2(5)注

θ_0 采用推荐值。

条款 5.5(4) 注

k_1、k_2、k_3、k_4、k_5 和 k_6 采用推荐值。

注:根据所考虑的荷载情况,可以选择不同的比率 δ。

条款 5.6.3(4) 注

$\theta_{\mathrm{pl,d}}$ 采用图 5.6N 给出的推荐值。

条款 5.8.3.1(1) 注

λ_{lim} 采用推荐值。

条款 5.8.3.3(1) 注

k_1 采用推荐值。

条款 5.8.3.3(2) 注 1

k_2 采用推荐值。

条款 5.8.4(2)

在计算力矩 $M_{0\mathrm{Eqp}}$ 和 $M_{0\mathrm{Ed}}$ 时,需要考虑几何偏心。

条款 5.8.5(1) 注 1

简化分析方法采用推荐方法(a)和方法(b)。

条款 5.8.6(3) 注

γ_{CE} 采用推荐值。

条款 5.10.1(6) 注

采用的方法为方法 A、方法 B 或方法 E。

条款 5.10.2.1(1)P 注

k_1 和 k_2 采用推荐值,前提是在 EN 10138-3[1) 中,$F_{p0,1}$ 定义为 $F_{p0,1} = 0.88F_m$,或者 k_1 和 k_2 也可以取欧洲技术评估(ETE)[或者欧洲技术许可(ATE)]给出的值。

条款 5.10.2.1(2) 注

k_3 采用推荐值,前提是在 EN 10138-3[1) 中,$F_{p0,1}$ 定义为 $F_{p0,1} = 0.88F_m$,或者 k_3 也可以取欧洲技术评估(ETE)[或者欧洲技术许可(ATE)]给出的值。

条款 5.10.2.2(4) 注

k_4 和 k_5 采用推荐值。

条款 5.10.2.2(5) 注

k_6 采用推荐值。

条款 5.10.3(2) 注

采用值为:

后张法:$k_7 = 0.77$ 和 $k_8 = 0.87$;

先张法:$k_7 = 0.80$ 和 $k_8 = 0.90$。

条款 5.10.8(2) 注

$\Delta\sigma_{p,ULS}$ 采用推荐值。

条款 5.10.8(3) 注

在所有情况下,采用值为 $\gamma_{\Delta P,sup} = 1.0$ 和 $\gamma_{\Delta P,inf} = 1.0$。

[1) 准备中。

条款 5.10.9(1)P 注

r_{sup} 和 r_{inf} 采用在设计使用状况下的推荐值。在施工短暂状况下,取值可减少到 $r_{sup}=1.05$ 和 $r_{inf}=0.95$,或者经过特殊验证后可限定其取值为 1.00。

条款 5.11(2)P

无筋剪力墙在其受弯曲应力的作用平面内不配置受拉钢筋且满足第 12 章关于正应力和剪应力的极限要求。

在第 6 章、第 7 章~第 9 章中对钢筋混凝土剪力墙进行了阐述。

条款 6.2.2(1) 注

采用值如下:

—$C_{Rd,c}=0.18/\gamma_C$;

—$k_1=0.15$;

—$v_{min}=0.23f_{ck}^{1/2}$,用于在所考虑的荷载情况下,受横向再分配作用的板;

  $=0.035k^{3/2}f_{ck}^{1/2}$,用于除上述之外的梁和板;

  $=0.23f_{ck}^{1/2}$,用于墙。

注:对于所有的极限状态,无论计算情况如何,v_{min} 的表达式都保持不变。

条款 6.2.2(6) 注

v 采用推荐值。

条款 6.2.3(2) 注

采用值受限于以下表达式:

—受压或简单受弯:

$$1 \leqslant \cot\theta \leqslant 2.5 \qquad\qquad (6.7aNF)$$

—受拉:

$$\sqrt{1+\sigma_{ct}/f_{ctm}} \leqslant \cot\theta \leqslant 2.5\sqrt{1+\sigma_{ct}/f_{ctm}} \qquad (6.7bNF)$$

式中：σ_{ct}——重心处的拉应力（$\sigma_{ct} < 0$）。截面中 $| \sigma_{ct} | \geqslant f_{ctm}$ 的情况没有阐述。

条款 6.2.3(3) 注 1 至注 3

ν_1 采用注 1 和注 2 的推荐值。

α_{cw} 采用在截面没有拉力的情况下的推荐值。

在翼缘受压且有拉力和弯曲组合作用情况下，宜使用式（6.9），将 α_{cw} 替换为 $\alpha_{cw,t}$，$\alpha_{cw,t} = 1 + \sigma_{ct} / f_{ctm}$。

完全拉伸截面和 $|\sigma_{ct}| \geqslant f_{ctm}$ 的截面的情况不予处理。

条款 6.2.4(4) 注

θ_f 采用推荐值。

条款 6.2.4(6) 注

采用值如下：

—在粗糙混凝土施工缝的竖向表面，$k = 0.50$；

—在没有混凝土施工缝的竖向表面，$k = 1.00$。

条款 6.3.2(2)

按以下公式可计算出仅抵抗扭矩作用所需的横向钢筋截面积 A_{sw}：

$$\frac{A_{sw} f_{yd}}{s} = \frac{T_{Ed}}{2A_k \cot\theta}$$

式中：s——横向抗扭钢筋的间距；

f_{yd}——纵向钢筋 A_{sl} 的设计屈服应力

θ——压杆的角度（见图 6.5）。

条款 6.4.3(6) 注

β 采用推荐值。

条款 6.4.4(1) 注

$C_{\mathrm{Rd,c}}$ 和 $v_{\min}$ 采用推荐值（$v_{\min}=0.035k^{3/2}f_{\mathrm{ck}}^{1/2}$）。

条款 6.4.5(1)

修订案 A1 的 $k_{\max}$ 采用 $k_{\max}=2.5$。

条款 6.4.5(3) 注

$v_{\mathrm{Rd,max}}$ 采用推荐值。

条款 6.4.5(4) 注

k 采用推荐值。

条款 6.5.2(2) 注

v' 采用式(6.57N)的推荐值。

条款 6.5.4(4)a) 注

k_1 采用推荐值。

在特殊情况下，可允许取更大值，但不超过极限值 $k_1=1/v'$。

条款 6.5.4(4)b) 注

k_2 采用推荐值。

在特殊情况下，可允许取更大值，但不超过极限值 $k_2=1.0$。

条款 6.5.4(4)c) 注

k_3 采用推荐值。

但在特殊情况下，可允许取更大值，但不超过极限值 $k_3=0.9$。

条款 6.5.4(6) 注

k_4 采用推荐值。

在特殊情况下,可允许取更大值,但不超过极限值 $k_4 = 3.0/\nu'$。

条款 6.8.1(2)

以下结构不进行疲劳验算:

—建筑;

—基础、挡土墙和挡土板;

—覆土深度最小为 1m 的地下结构;

—与上部结构非刚性连接的桥墩和立柱;

—拱顶的支撑和桥台,空心桥台除外。

条款 6.8.4(1) 注 1 和注 2

$\gamma_{\text{F,fat}}$ 采用推荐值。

对于所用钢筋的 S-N 曲线参数值,钢筋混凝土用钢推荐值由表 6.3NF 给出,预应力筋推荐值由表 6.4N 给出。

表 6.3NF 钢筋混凝土用钢的 S-N 曲线参数

钢筋类型	N^*	应力指数		$\Delta\sigma_{\text{Rsk}}$(MPa)(在 N^* 循环条件下)
		k_1	k_2	
直钢筋和弯曲钢筋[1]	10^6	5	9	160(若 ϕ 大于或等于 40mm)210(若 ϕ 小于或等于 16mm[2])
焊接钢筋和焊接钢筋网	10^7	3	5	58.5
连接套筒	10^7	3	5	35

注:[1] $\Delta\sigma_{\text{Rsk}}$ 值适用于直钢筋。宜使用换算系数 $\xi = 0.35 + 0.026 D/\phi$ 获得弯曲钢筋的值;

其中:

D 是钢筋弯芯直径,ϕ 是钢筋直径。

[2] 其他钢筋直径的 $\Delta\sigma_{\text{Rs}}$ 值可以通过线性插值法获得。

表 6.3N 注:"钢套管内的弯曲预应力筋"适用于放置于曲率半径小于 30m 的弧形钢管或带状管道中的弯曲钢筋。对于放置于曲率半径大于 30m 的管道中的弯曲钢筋,就疲劳强度而言可归类为直预应力筋。

条款 6.8.4(5)注

k_2 采用推荐值。

条款 6.8.6(1)注

k_1 采用 $k_1 = 100\mathrm{MPa}$。

k_2 采用推荐值。

如果基本组合中所包含的频遇周期性荷载引起的应力变化幅度、或者频遇荷载组合作用下的应力变化幅度满足 $\Delta\sigma_{\mathrm{p}} \leqslant \Delta\sigma_{\mathrm{Rsk}}(10^8)$，则认为预应力筋的抗疲劳强度满足要求，其中：

—先张法预应力：

$\Delta\sigma_{\mathrm{p}} \leqslant 110\mathrm{MPa}$

—后张法预应力：

　　—塑料套管内的钢绞线：

$\Delta\sigma_{\mathrm{p}} \leqslant 110\mathrm{MPa}$

　　—塑料套管内的直预应力筋或弯曲预应力筋：

$\Delta\sigma_{\mathrm{p}} \leqslant 95\mathrm{MPa}$

　　—钢套管内的弯曲预应力筋：

$\Delta\sigma_{\mathrm{p}} \leqslant 65\mathrm{MPa}$

　　—连接套筒：

$\Delta\sigma_{\mathrm{p}} \leqslant 35\mathrm{MPa}$

条款 6.8.6(3)注

k_3 采用推荐值。

条款 6.8.7(1)注

N 采用推荐值。

k_1 采用推荐值。

条款 7.2(2)注

> k_1 采用推荐值。

条款 7.2(3)注

> k_2 采用推荐值。

条款 7.2(5)注

> k_3 和 k_4 采用推荐值,k_5 的采用值为 0.8。

条款 7.3.1(5)注

在没有更详细要求的情况下,表 7.1NF 给出了 w_{max} 的推荐值。

表 7.1NF $w_{max}^{(1)}$ (mm) 的推荐值

暴露等级	钢筋混凝土构件以及含有无粘结预应力筋的预应力混凝土构件	有粘结预应力筋的预应力构件
	准永久荷载组合	频遇荷载组合
X0,XC1	0.40(2)	0.20(2)
XC2,XC3,XC4	0.30(3)	0.20(4)
XD1,XD2,XS1,XS2,XS3,XD3(5)	0.20	混凝土消压(6)
XA1,XA2,XA3	在合同的特定文件中确定(DPM)	

注:(1) 需要注意的是 w_{max} 是一个规定值,用以设计计算。

(2) 如果合同专用条款无特殊要求,可认为在满足7.3 以外的其他条款中的最低构造措施要求时,裂缝宽度能够得到有效控制。

(3) 对于使用类别为A~D 的房屋建筑(见NF EN 1991-1-1),如果合同专用条款无特殊要求,可认为在满足 7.3 以外的其他条款中的最低构造措施要求时,裂缝宽度能够得到有效控制。

(4) 在此暴露等级下,应额外验算在准永久荷载组合下混凝土中是否发生消压。

(5) 在XD3 等级下,如果未采取符合7.3.1(7) 要求的构造措施,则应采用表中的裂缝宽度控制值。

(6) 混凝土消压验算中,应保证在规定的荷载组合作用下,距离粘结预应力筋或其套筒25mm 内的混凝土处于受压状态。

在没有特殊要求(例如水密性)的情况下,可以假定表 7.101 NF 中给出的 w_{max} 值为裂缝宽度上限计算值,通常可以满足有关建筑中钢筋混凝土构件的外观和耐久性要求。

对于厚度超过 0.8m 的板和混凝土墙以及高度超过 2m 的钢筋混凝土梁,裂缝宽度控制由 NF EN 1992-2 或 NF EN 1992-3 定义,必要情况下,通过合同的具体文件或特殊文件来规定。深基础和挡土墙可遵循相应标准中的特殊规定。

条款 7.3.2(2)

计算最小钢筋截面面积时，$\sigma_s = f_{yk}$。

条款 7.3.2(3)

在预应力的情况下：

—计算 $A_{c,eff}$ 值时，裂缝宽度控制限值 $(h-x)/3$ 不适用；

—$\Delta\sigma_p$ 指预应力筋中应力从混凝土未变形时到钢筋达到弹性极限时的应力变化值。

条款 7.3.2(4)注

$\sigma_{ct,p}$ 采用推荐值，除以下情况外：

—对于粘结钢筋结构，$\sigma_{ct,p} = 1.5f_{ct,eff}$；

—对于后张法预应力桥梁，$\sigma_{ct,p} = 0$。

条款 7.3.3(2)注

具体解释为：

需要说明的是：

—表 7.2N 和表 7.3N 是建立在其相应说明中的假设条件之上的，并且对于表 7.3N 应增加一项假设条件：$h = 400\text{m}$ 且使用单层钢筋；

—使用上述表格时假定存在由式 (7.1) 确定的最小配筋面积，其中 σ_s 的值从给定值中选择，或者通过表 7.2N 根据所用钢筋直径确定，或者通过表 7.3N 根据间距确定。中间值采用线性内插法确定。

条款 7.3.4(2)

截面 A_s 应该取 A'_s，其代表位于钢筋混凝土截面 $A_{c,eff}$ 中的钢筋截面面积：

在预应力的情况下：

—计算 $A_{c,eff}$ 的裂缝宽度控制限值 $(h-x)/3$ 不适用；

—$\Delta\sigma_p$ 指预应力筋中应力从混凝土未变形时到钢筋达到弹性极限 $f_{p0,1k}$ 时的应力变化值。

条款 7.3.4(3)注

> k_4 采用推荐值,当保护层厚度小于或等于 25mm 时 k_3 采用推荐值。对于较厚的保护层,k_3 的采用值是 $k_3 = 3.4(25/c)^{2/3}$(c 的单位为 cm)。

根据图 7.2,只有当式(7.14)给出的 $S_{r,max}$ 值大于式(7.11)给出的 $S_{r,max}$ 值时,才使用式(7.14)。否则,式(7.11)仍然适用,即使间距大于 $5(c + \varphi/2)$。

条款 7.4.2(2)注

对于常见情况(C30/35,$\sigma_s = 310$MPa,不同的结构体系的钢筋配筋率—— $\rho = 0.5\%$ 和 $\rho = 1.5\%$),K 值在表 7.4NF 中给出。

0.5% 与 1.5% 之间的配筋率中间值采用线性内插法计算。

表 7.4NF 无轴向受压钢筋混凝土构件的基准跨度/有效深度比

结 构 体 系	K	l/d	
		高应力混凝土 $\rho \geqslant 1.5\%$	低应力混凝土 $\rho \leqslant 0.5\%$
简支梁	1.0	14	20
单向简支板	—	25	30
连续梁端跨	1.3	18	26
连续梁或单向连续板或 长边上连续双向全跨度板的端跨	—	30	35
梁的内跨度	1.5	20	30
单向或双向跨度板	—	35	40
无梁的柱支承板(平板)(基于较长跨度)	1.2	17	24
悬臂梁	0.4	6	8
悬臂板	0.4	10	12

注 1:选用的值一般较为保守,且通过计算可能经常会发现构件厚度取值可更小。

注 2:与相对于跨度/250 的跨中挠度限制相比,表中提供的楼板限值并不严格。根据经验,该值符合要求。

条款 7.4.3(2)P

注:对于建筑,这种方法称为"不利挠度计算法",并根据 7.4.1(3)以及本国家附件下面给出的数据特性考虑加载过程。

条款 8.2(2)注

> k_1 和 k_2 采用推荐值,除非在某些类型的深基础专用标准中另有规定(例如,用于钻孔桩的 NF EN 1536,用于深基础的 NF P 94-262,用于挡土墙的 NF P 94-282)。

条款 8.3(2)注

> $\varphi_{m,min}$ 采用表 8.1N 中的推荐值。

条款 8.4.1(4)

> 宜参见 8.3(2)而非 8.3(3)。

条款 8.5

无须对矩形箍筋、单肢箍、双肢箍的弯曲直径进行与混凝土断裂[8.3(2)]相关的验证。

条款 8.6(2)注

> 用于钢筋网的横向钢筋附加锚固承载力值 F_{btd},可按式(8.8N)确定推荐值。

条款 8.8(1)注

> ϕ_{large} 的采用值为 40mm。
>
> **注**:某些挡土墙(例如,堤岸墙)可根据 NF P 94-282 作出具体规定。

条款 8.10.5

应对体外预应力在震动条件下的稳定性进行验算。该验算可以参考 SETRA 在 1990 年发布的设计指南《体外预应力》。

条款 9.2.1.1(1)注 2

> 不具脆性验证是基于以下事实:取抗拉强度值为 f_{ctm} 的均质混凝土材料且其钢筋达到弹性极限状态,首次开裂时所承受的弯矩应不大于需复核的钢筋混凝土在开裂时的弯矩承载力。
>
> $A_{s,min}$ 取第一个表达式(9.1N)的推荐值。它对应于矩形截面受纯弯作用。第二个表达式只是第一个表达式对 f_{ctm} 和 f_{yk} 取特定值的应用,不予保留。
>
> 对于次要构件,承载力极限状态下弯曲时的设计钢筋截面面积增加20%,无须进行不具脆性条件验证[第一个表达式(9.1N)]。
>
> 宜考虑所有轴向拉力,除由变形(温度效应、收缩、徐变、不均匀沉降等)引起的除外,以便将其纳入表达式(9.1N)。
>
> 可考虑设计使用周期内持续存在的轴向压力,以使其纳入表达式(9.1N)。
>
> 在复合弯曲截面的情况下,钢筋截面面积最小值 $A_{s,min}$ 根据钢筋混凝土截面的开裂临界弯矩值计算得出,开裂临界弯矩值 $M_{cr} = (f_{ctm} + N/S) \cdot (I/v')$;
>
> 其中 N 是与临界弯矩值相关的轴力(受压为正),I 是该截面不开裂时的惯性矩,v' 是从不开裂断面的重心到受拉力最大处的距离,S 是不开裂正截面的面积。

注1:该值及其上限适用于第6章所述的混凝土墙。

注2:可考虑布置抗扭钢筋。

条款 9.2.1.1(3)注

> $A_{s,max}$ 采用推荐值。

条款 9.2.1.2(1)注 1

> β_1 采用推荐值。

条款 9.2.1.4(1)注

> 应取 $\beta_2 = 0.0$,但条件是须依据本国家附件的 9.2.1.4(2)进一步核实所需的锚固力。

条款 9.2.1.4(2)

式(9.3)基于桁架假定得出,桁架最边对角线直接到达梁下部与支座相交处。因此,式(9.3)中的轴力是作用于下部弦杆。另一方面,考虑到压杆端部应作用于支撑柱的实体截面之内,因此应将该式中的$|V_{Ed}| \cdot a_1/z[a_1$在式(9.2)中已给出]换成$|V_{Ed}| \cdot \cot\theta'$,其中$\theta'$是作用于支撑柱上的压杆轴线与水平方向的夹角[见下图(9.101NF)]。

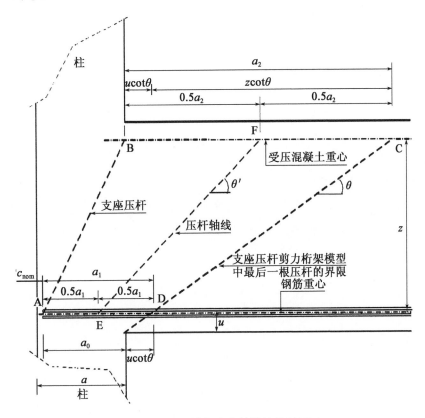

图(9.101NF) 端部支座的棱柱状斜压区

在抗剪钢筋倾斜度$\alpha = 90°$,且没有弯起钢筋的情况下,斜压区角度θ'由下式(9.101NF)定义:

$$\cot\theta' = (a + z\cot\theta - c_{nom})/(2z) \qquad (9.101\text{NF})$$

因此,式(9.3)变为:

$$F_{Ed} = |V_{Ed}| \cdot \cot\theta' + N_{Ed} \qquad (9.102\text{NF})$$

注:对梁的研究应考虑到梁上的水平力的实际作用位置。

对支座节点应力的验算是根据式(9.103NF)和式(9.104NF)进行的,参见图(9.102NF)。

面 DG:

$$\sigma_1 \leqslant k_2 \nu' f_{cd} \qquad (9.103\text{NF})$$

面 HH′:

$$\sigma_2 \leqslant k_2 \nu' f_{cd} \qquad (9.104\mathrm{NF})$$

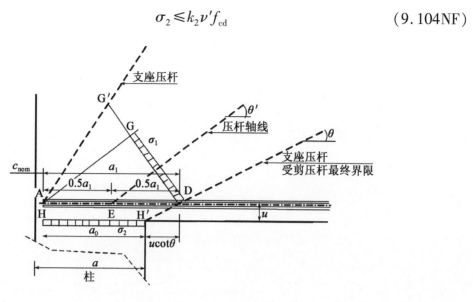

图(9.102NF)　节点上的应力

条款9.2.1.5

考虑到9.2.1.4(2),式(9.3)用于中间支座时:

$$F_{Ed} = |V_{Ed}| \cdot \cot\theta' + N_{Ed}/2 + M_{Ed}/z \qquad (9.105\mathrm{NF})$$

在该表达式中,轴向正压力为截面中线上的压力(在本式的情况下,中线位于梁高度一半处)。

条款9.2.2(4)注

β_3采用推荐值。

条款9.2.2(5)注

$\rho_{w,min}$采用式(9.5N)的推荐值:

在6.2.1(4)中规定了在何种截面中,可不考虑上述最小钢筋截面积的要求。同样,如果某种预制构件的内部质量控制流程经过第三方机构认证、构件只承受中等强度的分布荷载且该构件的断裂不会通过链式效应引起其他构件的断裂(例如:坡屋顶的檩条),那么可以取$\rho_{w,min} = 0$。

注:对于钢筋混凝土墙[见本国家附件的 5.11(2)P 注],当 $V_{Ed} > V_{Rd,c}$ 时,$\rho_{w,min}$ 的值由式(9.5N)给出,在其他情况下 $\rho_{w,min} = 0$。

24

条款 9.2.2(6)注

$s_{l,max}$ 值由表达式(9.6N)给出。梁高 $h \leq 250mm$ 的情况除外,此种情况下 $s_{l,max} = 0.9d$。

注:对于钢筋混凝土墙(参见本国家附件的 5.11(2)P),其值取式(9.6N)给出的最小值 $s_{l,max}$ 和楼板之间距离两者中的较小值。

条款 9.2.2(7)注

$s_{b,max}$ 的值为式(9.7N)给出的推荐值。

条款 9.2.2(8)注

$s_{t,max}$ 的值由式(9.8N)给出。梁高 $h \leq 250mm$ 的情况,此时 $s_{l,max} = 0.9d$。

条款 9.3.1.1(3)注

$s_{max,slabs}$ 的采用值:

在荷载主要为分布荷载的区域:

——对于主受力筋,$s_{max,slabs} = 3h \leq 400mm$,其中 h 是板的总厚度;

——对于次受力钢筋,$s_{max,slabs} = 3.5h \leq 450mm$。

在集中荷载区域:

——对于主受力筋,$s_{max,slabs} = 2h \leq 450mm$。

——对于次受力钢筋,$s_{max,slabs} = 3h \leq 400mm$。

条款 9.5.2(1)注

ϕ_{min} 采用推荐值。

条款 9.5.2(2)注

$A_{s,min}$ 采用式(9.12N)的推荐值。

条款 9.5.2(3) 注

$A_{s,max}$ 采用推荐值。

条款 9.5.3(1)

9.5.3(1)的最后一句也适用于通过自动机械焊接连接的钢筋。

条款 9.5.3(3) 注

$s_{cl,tmax}$ 采用推荐值。

条款 9.6.2(1) 注 1 和注 2

$A_{s,vmin}$ 采用推荐值,但对于建筑中的钢筋混凝土墙或钢筋混凝土墙的一部分带状区域除外[见本国家附件 5.11(2)P],在此情况下 $A_{s,vmin}$ 取值如下:

若 $N_{Ed} \leqslant N_{Rd,b}$,$A_{s,vmin} = 0$;

若 $N_{Ed} > N_{Rd,b}$,$A_{s,vmin} = 0.002 A_c$。

式中:N_{Ed}——作用于该钢筋混凝墙上或作用于该墙的一个带状区域上的轴力设计值;

N_{Rd}——该钢筋混凝土墙或该墙的一个带状区域的轴向承载力的设计值,该承载力设计值应考虑可能发生的屈曲,不考虑根据第 5 章的钢筋设计以及第 6 章定义的应变图,但应遵循以下限制性假设条件:

—混凝土的特征应力考虑折减系数 0.8 的影响。

根据第 12 章的式(12.10),也可以确定 $N_{Rd,b}$。

$A_{s,vmax}$ 采用推荐值。

注:对于钢筋混凝土墙,默认其配筋率至少为 0.2%,其轴向承载力极限值可根据混凝土标准设计强度 f_{cd} 和纵向配筋求出。

注 1:对于建筑和厚度超过 25cm 的钢筋混凝土墙:

—端部未嵌固的侧墙或山墙、位于顶层露台楼板下的混凝土墙应在其两端设置暗柱,且竖向钢筋的配筋面积应不小于 $1.20cm^2$。

—任何钢筋混凝土墙的开孔(例如窗户或门等)应在其两端布置竖向配筋面积不小于

$0.68cm^2$、宽度不小于0.4m的暗柱,并锚固充分。

注2:对于建筑和任何厚度不超过25cm的钢筋混凝土墙,如果其墙面构成了侧墙或山墙的全部或部分面积,那么墙中的竖向配筋同时需要起到抗扭钢筋的作用,配筋面积每延米至少为$0.48cm^2$,最大间距为0.50m。

对于上层露台楼板下的墙,其底部混凝土施工缝截面处的竖向配筋提升到每延米$0.80cm^2$。

注3:对于建筑,在钢筋混凝土墙厚度超过25cm的情况下,上述注1和注2定义的钢筋截面面积应至少与厚度成比例增加。此外,如本国家附件2.3.3(3)注所设想的特定研究必须确定其他必要的构造措施。

注4:对于大质量构件,如本国家附件2.3.3(3)注中所设想的特定研究应确定其必要的构造措施,对于钢筋来说,通常限定为布置抗扭钢筋。

注5:指明的钢筋最小截面面积值对应于弹性极限状态下应力值为500MPa的钢筋。当所使用的钢筋的屈服强度不同时[参见本国家附件的3.2.2(3)P注],钢筋最小截面面积应按屈服强度比例进行计算。

条款9.6.3(1)注

$A_{s,hmin}$采用推荐值,但对于建筑中的钢筋混凝土墙或钢筋混凝土墙的一部分带状区域除外[见本国家附件5.11(2)P],在此情况下$A_{s,hmin}$取值如下:

若$N_{Ed} \leqslant N_{Rd,b}$,$A_{s,hmin} = 0$;

若$N_{Ed} > N_{Rd,b}$,$A_{s,hmin}$ = 推荐值。

式中:N_{Ed}——作用于该钢筋混凝土墙上或作用于该墙的一个带状区域上的轴力设计值;

$N_{Rd,b}$——该钢筋混凝土墙或该墙的一个带状区域的轴向承载力的设计值,该承载力设计值应考虑可能发生的屈曲,不考虑根据第5章的钢筋设计以及第6章定义的应变图,但应遵循以下限制性假定条件:

—混凝土的特征应力考虑折减系数0.8的影响。

根据第12章的式(12.10),也可以确定$N_{Rd,b}$。

注1:对于房屋建筑以及厚度不超过25cm的钢筋混凝土墙的开孔(例如窗户或门等),应在其边缘布置面积不小于$0.80cm^2$的水平钢筋,并锚固充分。

注2:对于建筑和任何厚度不超过25cm的钢筋混凝土墙,如果其墙面构成了侧墙或山墙的全部或部分面积,那么墙中的水平方向配筋同时需要起到抗扭钢筋的作用,水平配筋面积每延

米至少为0.96cm²,最大间距为0.33m。在顶层露台楼板下方的墙的顶部的50cm厚度上,或者在楼板当中,应在水平方向布置最小截面面积为1.88cm²的加强钢筋。

注3:对于建筑,在混凝土墙厚度超过25cm的情况下,上述注1和注2定义的钢筋截面面积应至少与厚度成比例增加。此外,如本国家附件2.3.3(3)注所设想的特定研究必须确定其他必要的构造措施。

注4:对于大质量构件,如本国家附件2.3.3(3)注中所设想的特定研究应确定其必要的构造措施,对于钢筋来说,通常限定为布置抗扭钢筋。

注5:指明的钢筋最小截面面积值对应于弹性极限状态下应力值为500MPa的钢筋。当所使用钢筋的屈服强度不同时[参见本国家附件的3.2.2(3)P注],钢筋最小截面面积应按屈服强度比例进行计算。

条款9.7(1)注

$A_{s,dbmin}$采用推荐值。

但是,如果通过适当的压杆和拉杆和/或拱顶的方案证明隔墙梁是合理的,则$A_{s,dbmin}$的采用值为$A_{s,dbmin}=0$。

条款9.8.1(3)注

φ_{min}采用推荐值。

条款9.8.2.1(1)注

ϕ_{min}采用推荐值。

该限值不涉及经认证的焊接钢筋和经认证的自动机械焊接钢筋的情况,该种情况下ϕ_{min}为5mm。

条款9.8.3(1)注

ϕ_{min}采用推荐值。

条款9.8.3(2)注

q_1采用推荐值。

条款 9.8.4(1)注

除非应用 12.9.3,否则 q_2 和 φ_{min} 采用推荐值。

条款 9.8.5(3)注

$A_{s,bpmin}$ 采用 NF P 94-262 中规定的值。
对于非钢筋桩,$A_{s,bpmin}$ 不适用。

条款 9.10.1(2)

对于(d)中的句子,请理解为"如要求"而不是"如必要"。

条款 9.10.2.2(2)注

采用值是 $q_1 = 15kN/m$ 和 $Q_2 = 70kN$。

对于建筑,位于混凝土墙与楼板的重叠部位中水平钢筋截面面积应至少为 $1.20cm^2$。

注1:出于其他原因设置的钢筋的面积可以计入上述水平连接钢筋的面积,但必须确保其连续性。

注2:上文给出的钢筋最小截面面积对应于屈服强度为 500MPa 的钢筋。当所使用钢筋的屈服强度不同时[参见本国家附件的 3.2.2(3)P 注],钢筋最小截面面积应按屈服强度比例进行计算。

条款 9.10.2.3(3)注

采用值为 $f_{tie,int} = 15kN/m$。

注:上文给出的钢筋最小截面面积对应于屈服强度为 500MPa 的钢筋。当所使用钢筋的屈服强度不同时[参见本国家附件的 3.2.2(3)P 注],钢筋最小截面面积应按屈服强度比例进行计算。

条款 9.10.2.3(4)注

采用值为 $q_3 = 15kN/m$ 和 $Q_4 = 70kN$。

对于建筑,位于混凝土墙与楼板的重叠部位中水平钢筋截面面积应至少为

$1.20 \mathrm{cm}^2$。

注1：出于其他原因设置的钢筋的面积可以计入上述水平连接钢筋的面积，但必须确保其连续性。

注2：上文给出的钢筋最小截面面积对应于屈服强度为500MPa的钢筋。当所使用的钢筋的屈服强度不同时［参见本国家附件的3.2.2(3)P 注］，钢筋最小截面面积应按屈服强度比例进行计算。

条款9.10.2.4(2)注

采用值为 $f_{\mathrm{tie,fac}} = 15 \mathrm{kN/m}$ 和 $F_{\mathrm{tie,col}} = 150 \mathrm{kN}$。

注：上文给出的的钢筋最小截面面积对应于屈服强度为500MPa的钢筋。当所使用钢筋的屈服强度不同时［参见本国家附件的3.2.2(3)P 注］，钢筋最小截面面积应按屈服强度比例进行计算。

条款11.3.2(1)注

标准 ISO 6784 给出了轻集料混凝土弹性模量的确定方法，本章（尤其是表11.3.1中）的混凝土弹性模量修正值也是建立在此方法基础上的。根据经验观察，这一弹性模量计算值可以由经过试验确认的弹性模量值代替，相关试验方法在标准 ASTM C469 或根据 BLPC 220 制定的 LPC 操作规程中有具体规定。以试验测得的弹性模量代替计算值的条件是，设计中使用试验测得的弹性模量值可以对构件挠度进行实际估算。

条款11.3.5(1)P注

α_{lcc} 采用推荐值。

条款11.3.5(2)P注

α_{lct} 采用推荐值。

条款11.3.7(1)注

k 采用推荐值。

条款 11.6.1(1)注

> $C_{\mathrm{lRd,c}}$ 和 k_1 采用推荐值。
>
> 对于比重在 1.0～1.4 范围内的材料,$v_{1,\min}$ 采用推荐值。$v_{1,\min}$ 的值不考虑横向再分配的影响。对于轻集料混凝土,这种影响仍需要通过试验或适当的研究确定。

对于比重在 1.0～1.4 范围内的材料,$v_{1,\min}$ 的采用值如下:

—$v_{1,\min} = 0.18f_{\mathrm{lck}}^{1/2}$,用于考虑荷载横向分布的板;

   $= 0.028k^{3/2}f_{\mathrm{lck}}^{1/2}$,用于除上述之外的梁和板;

   $= 0.18f_{\mathrm{lck}}^{1/2}$,用于剪力墙。

注:对于承载力极限状态的所有组合,无论计算何种工况时,$v_{1,\min}$ 的表达式保持不变。

条款 11.6.1(2)

> 实际上在 11.6.2(1) 中给出了 ν_1 的国家定义。

条款 11.6.2(1)注 1

> ν_1 采用推荐值。

条款 11.6.4.1(1)注

> k_2 采用推荐值。

条款 12.1(1)P

第 12 章不适用于纯受弯构件,也不适用于拉弯的构件。

条款 12.1(2)

仍然可以将第 12 章应用于受动态效应影响的结构,对此,在复合弯曲应力下计算截面的法向应力时可不考虑混凝土的拉力。

另一方面,第 12 章不适用于因机械转动和交通荷载引起疲劳效应的结构。

条款 12.1(2)

隧道拱形节段可按第 12 章条款的规定计算。

其他直径小于 600mm 的桩可不配筋。因此它们适用 NF P 94-262 的规定。

条款 12.3.1(1)注

$\alpha_{cc,pl}$ 和 $\alpha_{ct,pl}$ 采用推荐值,除非当 5.8 适用时 $\alpha_{cc,pl} = 1$。

对于根据技术规定设计的隧道铺装,系数 $\alpha_{cc,pl}$ 和 $\alpha_{ct,pl}$ 可以增加但不超过 1。

这涉及:

—临时铺装;

—最小厚度为 40cm 的最终铺装;

—最小厚度为 30cm 的最终铺装且直径小于 6m 的隧道。

条款 12.6.2(1)P

12.6.2(1)P 结尾处的内容应理解为"为了避免出现宽度过大的裂缝"。

12.6.2(1)P 的使用方法和规定应在特定合同文件或特定工程专用规定中定义(例如与隧道铺装有关的规定)。

条款 12.6.3(2)注

k 采用推荐值。

条款 12.6.5.2(1)

NF EN 1992-1-1 的修订案 A1 中式(12.12)如下:

$$e_{tot} = e_0 + e_i + e_\varphi \tag{12.12}$$

式中:e_0——一阶偏心距,包括楼板效应(例如可能从楼板传递到混凝土墙的弯矩)和水平作用。在确定 e_0 的值时,可以利用第一阶等效力矩 M_{0e},参见 5.8.8.2(2);

e_i——其他偏心距,包括几何缺陷效应,参见 5.2;

e_φ——因徐变引起的偏心距。

考虑徐变引起的偏心距的一种方法是使用式(12.11NF)和式(12.12NF):

$$\phi = 1.07(1 - 2 \cdot e_{tot}/h_w) - 0.026 \cdot l_0/h_w \leq 1 - 2 \cdot e_{tot}/h_w \quad (12.11\text{NF})$$

$$e_{tot} = e_0 + e_i \quad (12.12\text{NF})$$

此式适用于矩形截面,在以下条件范围内适用:

—混凝土墙厚度在 $0.15 \sim 0.55\text{m}$ 之间;

—混凝土的抗压强度在 $20 \sim 50\text{MPa}$ 之间;

—长细比 λ 在 $0 \sim 120$ 之间;

—偏心距(包括几何缺陷)不超过 $0.3h_w$。

条款 12.9

以下构造措施适用于第 12 章所涵盖的混凝土墙。

总体来说:

    —本国家附件 9.10;

对于建筑:

    —本国家附件 9.6.2(1) 的注 1 ~ 注 3;

    —本国家附件 9.6.3(1) 的注 1 ~ 注 3。

AN 2　附录 A "材料分项系数的修正" 在法国的应用

> 附录 A 仍起到资料性作用。

AN 3　附录 B "徐变和收缩应变" 在法国的应用

> NF EN 1992-1-1:2005 的附录 B 对于普通混凝土仍起到资料性作用,除了特别厚的截面和高性能混凝土(其由 R 级水泥构成,强度等级大于 C50 / 60,有或没有硅灰)。在这两种情况下,它都由 NF EN 1992-2:2006 的附录 B 补充,该标准仍起到资料性作用。

对于多个方向的预应力结构,明确了以下规定:

—内源收缩和干燥收缩应视为各向同性变形,式(B.113) ~ 式(B.116)应解释为每个方向的收缩变形;

—在所考虑的应变的方向上,应将徐变视为与同向瞬时形变成比例的各向异性形变,在此情况下可应用式(B.118)~式(B.120),但是在式(B.117)中不应再乘以系数 σ/E_c,而是应该乘以所考虑方向上的瞬时形变(ε_{ix},在其他方向上分别为 ε_{iy}、ε_{iz}),并同时考虑泊松效应。

——干燥收缩被认为是各向同性变形,式(B.121)对其是适用的,但在式(B.117)中,应力 $\sigma(t_0)$ 应被解释为主要应力的总和。

AN 4　附录 C"适用于 EN 1992-1-1 的钢筋特性"在法国的应用

条款 C.1(1)

对于标称直径小于或等于 14mm 的光圆钢筋,根据 NF EN 10080,粘附力特性 f_P 以等效方式代替斜肋钢筋的粘附力特性 f_R。

条款 C.1(1)注

疲劳应力范围的上限值 βf_{yk} 和带肋面积值为表 C.2N 中的推荐值。β 采用推荐值。

使用疲劳设计条款的例外情况为标准中推荐的情况。

条款 C.1(3)注 1 和注 2

a 采用推荐值。

f_{yk}、k 和 ε_{uk} 的最大值和最小值采用推荐值。

AN 5　附录 D"预应力筋松弛损失的详细计算方法"在法国的应用

附录 D 仍起到资料性作用。

AN 6　附录 E"耐久性指示强度等级"在法国的应用

附录 E 起到规范性作用。

条款 E.1(2)注

> 所使用的最小强度等级的值是 2014 年 12 月 NF EN 206/CN 的表 NA.F.1、
> 表 NA.F.2、表 NA.F.3 和表 NA.F.4 中给出的值,用于现浇或预制构件,并且
> 考虑其是否为工程混凝土。

AN 7　附录 F"平面内应力条件下的钢筋计算公式"在法国的应用

> 附录 F 仍起到资料性作用。

AN 8　附录 G"土体-结构相互作用"在法国的应用

> 附录 G 仍起到资料性作用。

AN 9　附录 H"结构中的整体二阶效应"在法国的应用

> 附录 H 仍起到资料性作用。

AN 10　附录 I"平板和剪力墙分析"在法国的应用

> 附录 I 仍起到资料性作用。

AN 11　附录 J"特殊情况的设计规定"在法国的应用

> 附录 J 仍起到资料性作用。